멘사 클럽 과학

멘사 클럽 과학

초판 1쇄 발행 · 2022년 7월 29일

지은이 · T.M.P.M
펴낸이 · 김동하

책임편집 · 이은솔
펴낸곳 · 책들의정원
출판신고 · 2015년 1월 14일 제2016-000120호
주소 · (03955) 서울시 마포구 방울내로7길 8, 반석빌딩 5층
문의 · (070) 7853-8600
팩스 · (02) 6020-8601
이메일 · books-garden1@naver.com
인스타그램 · www.instagram.com/text_addicted

ISBN 979-11-6416-125-6 (14410)

1분 안에 푼다면 당신도 멘사 회원!

멘사 클럽

과학

T.M.P.M 지음

책들의정원

"아하!"를 외치는 순간,
사고력은 발달합니다

   기발한 생각을 떠올리거나 명쾌한 해답을 얻었을 때 우리는 무릎을 탁 치며 이렇게 말합니다. "아하!" 이러한 찰나를 뜻하는 용어도 있습니다. 바로 '아하 순간(aha moments)'입니다. 이 순간 우리의 사고는 일정한 단계를 거치지 않고 한 번에 결론을 향해 달려갑니다. 인간의 다양한 지능 가운데 하나인 논리수학지능의 '비언어적 특성'이 일으키는 현상입니다.

   이런 '아하' 반응은 특히 퍼즐이나 퀴즈를 풀 때 많이 나타납니다. 퍼즐이나 퀴즈는 논리성과 창의성을 동시에 요구하기 때문입니다. 인간의 두뇌는 좌뇌와 우뇌로 나뉘어져 있습니다. 하지만 과제를 수행할 때는 양측 두뇌가 협동해야 합니다. 좌뇌가 주어진 정보를 분석하면 우뇌가 그 결과를 이어받아 새로운 사고를 펼치는 방식입니다. 그러니 양측 두뇌가 통합하여 작동한 결과인 '아하 순간'을 자주 만날수록 우리의 사고력은 발달하게 됩니다.

퍼즐이나 퀴즈가 좋은 이유가 한 가지 더 있습니다. 진입이 아주 쉽다는 점입니다. '아하 경험(aha experience)'은 과학 실험을 하거나 이론을 증명하는 중에도 얻을 수 있습니다. 하지만 이런 활동에는 복잡한 장비와 어려운 지식이 필요합니다. 반면 퍼즐은 펜 한 자루만 있으면 충분합니다. 우리는 머릿속에서 상상의 실험을 펼치며 답을 찾아나가는 기쁨을 느끼기만 하면 됩니다.

이 책은 과학에 흥미를 가진 독자들의 요청에서 시작되었습니다. 배경지식을 이용해서 풀어야 하는 과학퀴즈도 있고,

문제해결력의 기초가 되는 논리수학지능이 발달할 수 있도록 돕는 논리퍼즐도 있습니다. 또한 어린이나 청소년 역시 이러한 퍼즐의 세계를 경험하기 바라며 약간의 집중력과 재치만으로 도전할 수 있는 문제를 함께 준비했습니다.

IQ 148 이상의 멘사 회원들은 퍼즐이나 퀴즈를 즐긴다고 합니다. 천재라고 불리는 이들도 퍼즐을 늘 가까이합니다. 중요한 것은 이들이 퍼즐을 학습이 아닌 놀이로써 접근한다는 사실입니다. 퍼즐 입문자에게 항상 당부하는 말이 있습니다. '정답에 매달리지 마라'입니다. 기상천외한 답을 내놓아도 괜찮습니다. 편안한 마음으로 페이지를 넘기다보면 새로운 재미를 느끼게 될 것입니다.

T.M.P.M

과학
퍼즐

물이 들어 있는 그릇에 그림처럼 얼음을 넣었습니다. 그러자 물이 그릇의 높이까지 차올랐습니다. 시간이 지나 얼음이 녹으면 물의 높이는 어떻게 변할까요?

아래 <보기>의 먹이사슬을 참고해서 빈칸에 알맞은 이름을 넣어보세요. 하나의 이름은 가로와 세로에 한 번씩만 들어갑니다.

<보기>

독수리 > 참새 > 거미 > 송충이 > 나뭇잎

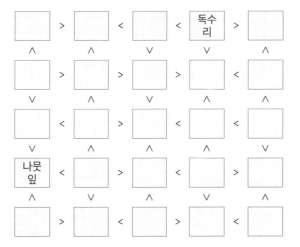

미로 속 길을 찾아주세요. 퀴즈를 풀면 힌트를 얻을 수 있습니다.

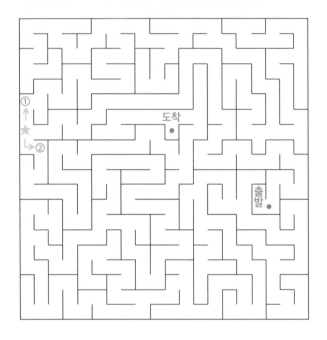

[Quiz] 태양계 행성의 하나로, '샛별' '계명' '신성' 등으로도 불리는 이 별의 이름은 무엇일까요?

① 수성   ② 금성

스모그는 발생 원인에 따라 두 가지로 나누어집니다. 자동차 배기가스를 주요 원인으로 하는 스모그는 로스엔젤레스형 스모그라고 부릅니다. 그렇다면 석탄 소비에 의한 스모그는 무엇이라고 부를까요? 아래 그림에 힌트가 있습니다.

13

자물쇠 열기

보물 상자를 찾았습니다. 그런데 번호를 입력해야 하는 자물쇠가 걸려 있습니다. 다행히 비밀번호를 알려줄 힌트가 적혀 있는 쪽지를 가지고 있습니다. 쪽지에 적힌 문제를 모두 풀고 정답을 차례대로 나열하면 비밀번호가 된다고 합니다. 비밀번호를 찾아보세요.

1. 밀물과 썰물에 더 큰 영향을 주는 것은 무엇일까요?
① 태양 ② 달

2. 삼투압의 원리를 이용한 것은 무엇일까요?
① 정수기 ② 냉장고

3. 자동차가 갑자기 멈추면 탑승객의 몸이 앞으로 쏠리는 이유는 무엇일까요?
① 가속도 ② 관성

폐쇄
회로

다음 그림은 어느 폐쇄 회로의 설계도입니다. 아래 조건에 맞춰 각 지점을 선으로 연결해보세요.

· 설계도에 있는 모든 저항(∞)과 코넥터(🁢)는 전선으로 연결되어야 합니다.
· 전선의 시작점과 끝점은 만나야 하며, 선끼리 교차하거나 대각선으로 가로 질러서는 안 됩니다.
· 저항이 있는 칸을 만나면 바로 앞 혹은 바로 뒤의 칸에서 전선을 90도로 꺾 어야 합니다. (앞의 칸과 뒤의 칸 모두에서 동시에 구부러질 수도 있습니다.)
· 코넥터가 있는 칸에서는 전선을 반드시 90도로 꺾어야 합니다.

15

어디로
갈까

다람쥐가 길을 가고 있습니다. 다음 질문의 답이 1번이면 왼쪽, 2번이면 오른쪽으로 이동해야 합니다. 다람쥐의 목적지는 어디일까요?

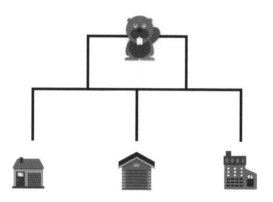

1. '이것'은 태양 활동의 하나로, 지구에서 통신 장애나 정전을 일으키기도 합니다. 이것은 무엇일까요?
① 핵융합 ② 태양 폭발

2. 최근 달에서 '이 활동'이 일어났다는 증거가 발견되었습니다. 달의 지질 활동이 끝나지 않았다는 증거인 이 활동은 무엇일까요?
① 화산 폭발 ② 대기 폭풍

여러 개의 물통이 다음과 같이 관으로 이어져 있습니다. 수도꼭지를 틀었을 때 어느 물통이 가장 먼저 가득 차게 될까요? (단, 수도꼭지에서는 물이 한 방울씩 떨어집니다.)

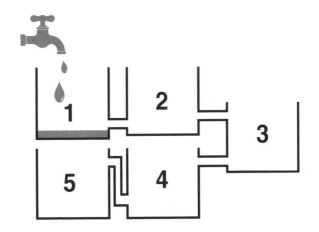

전구를 켜라

두 가지 색 칸으로 나누어진 공간이 있습니다. 흰색 칸이 모두 밝아지도록 전구를 설치해보세요.

· 전구는 흰색 칸에만 설치할 수 있습니다.
· 흰색 칸 중에서는 어느 칸이든 상관없습니다.
· 단, 검은색 칸에 적힌 숫자만큼 검은색 칸과 맞닿아 있는 칸에 전구가 설치 되어야 합니다.
· 아무런 숫자도 없는 검은색 칸 주변에는 전구를 원하는 만큼 놓을 수 있습니다.
· 전구는 사방을 향해 빛을 내뿜습니다.
· 단, 검은색 칸을 만나면 빛이 더 이상 앞으로 나아가지 못합니다.
· 전구 두 개가 서로를 마주보게 되면 빛이 너무 강해져 전구가 고장 납니다.

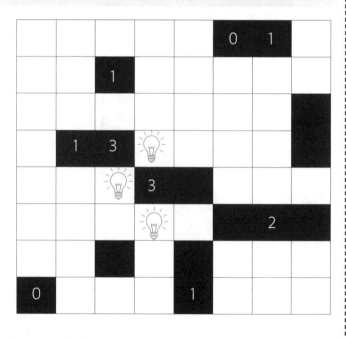

어느 마을에 수도관을 설치하고 있습니다. 각 점은 하나의 건물을 의미합니다. 모든 건물에는 수도가 연결되어야 하며, 하나의 건물에 수도관이 두 번 들어가서는 안 됩니다. 수도관이 서로 교차하지 않으면서 마을 전체의 수도관이 하나의 물길로 이어지도록 해보세요.

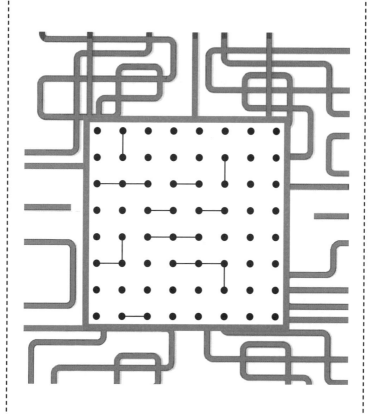

보물을 가득 실은 해적선이 인도양에서 침몰했습니다. 보물을 건져 올리기 위해서는 배와 보물을 통째로 인양해야 합니다. 배의 무게는 120톤이고 보물의 무게는 50톤입니다. 다음과 같은 장비로 배와 보물을 들어올리기 위해서는 얼마의 힘이 필요할까요?

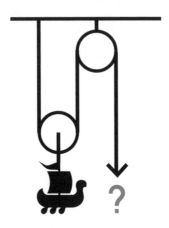

① 30   ② 42.5   ③ 85   ④ 170

뱀 게임

뱀이 숲 속을 지나가고 있습니다. 모든 흰색 칸을 한 번씩 거쳐서 원래의 자리로 돌아올 수 있도록 길을 찾아주세요. 검은색 칸은 가로지를 수 없습니다.

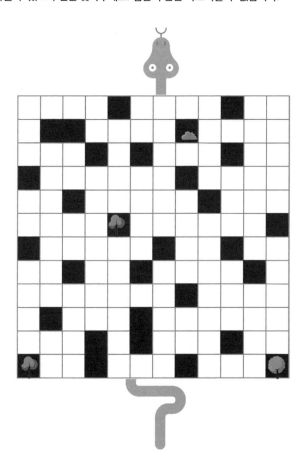

다음 그림에서 성냥개비 8개를 없어지게 하여 5개의 정사각형을 만들어보세요.

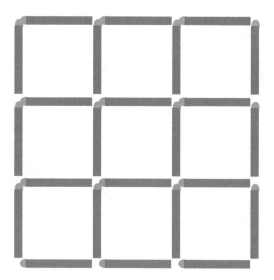

기둥의 위치

다음은 어떤 건물의 설계도를 간단히 표현한 모습입니다. 기둥이 들어가야 할 곳에는 ○, 빈 공간으로 남길 곳에는 ×를 표시하고 있습니다. 가로, 세로, 대각선을 기준으로 기둥이 네 번 연속 들어가면 건물 내부의 공간 효율성이 떨어지게 됩니다. 또한 가로, 세로, 대각선을 기준으로 빈 공간이 네 번 연속 등장하면 건물이 무게를 버티지 못하고 무너질 수 있습니다. 빈칸에 기둥과 빈 공간을 적절하게 배치해보세요.

숨은 글자
찾기

칸 속의 숫자는 자신과 그 주위의 아홉 개 칸 중 몇 개의 칸에 색이 칠해져야 하는 지를 알려줍니다. 규칙에 맞춰 알맞은 칸에 색을 칠해보세요. 숨겨져 있던 원소 기호가 드러나게 됩니다.

4	5		4	5					
	7	6			5		0		0
	6	5		6				3	2
3		2	2	4	3			5	
2	2	0		2		5			5
1	1				1		3	6	
	0		0			1		5	4
				0		1			3
		0			0		3	6	
0			0			2		5	3

조각
맞추기

한 장의 사진이 여러 조각으로 나누어져 있습니다. 사진에 찍힌 물체는 무엇일 까요?

※ 그림을 오리면 문제를 쉽게 풀 수 있습니다.
책의 마지막에 '오려 만들기' 페이지가 있습니다.

아래 숫자를 순서대로 지워나가는 게임입니다. 전부 지우는 데 몇 초나 걸렸는지 시간을 재 나의 집중력을 테스트해보세요. 결과는 <정답과 풀이>에 있습니다.

<준비물>
연필, 초시계

24	43	31	45	7	21	12
B	13	40	47	49	16	36
18	20	42	23	9	4	46
25	30	2	14	48	26	33
6	10	38	44	27	35	19
32	15	37	39	41	28	34
1	22	8	29	17	11	5

원자와
분자

염화수소는 염소 원자(○)와 수소 원자(●)가 일대일로 만나 이루어집니다. 다음 그림에서 직선을 이용해 염소와 소수 원자를 하나씩 짝지어주세요. 단, 직선은 가로 또는 세로 방향으로만 그릴 수 있고, 다른 선이나 원자를 가로지를 수 없습니다.

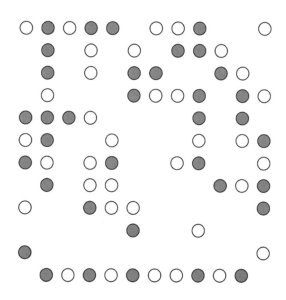

다음 두 그림에서 다른 곳 다섯 군데를 찾아보세요.

우리 몸에는 약 206개의 뼈가 있습니다. 이 중 절반이 이곳에 밀집해 있다고 합니다. 하루 중 가장 많이 움직이는 곳이기도 한 이곳은 어디일까요?

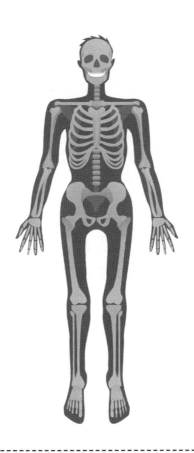

블랙홀은 중력이 아주 강한 천체로 빛조차 빨아들이는 위력을 가지고 있습니다.
그래서 블랙홀에 가까이가면 위험하다고 합니다. 빛이 빠져나오지 못하는 경계선
이 되는 곳을 무엇이라고 부를까요?

① 중력의 지평선　　② 물체의 경계선

③ 사건의 지평선　　④ 광원의 경계선

달리는 버스

운행 중인 버스가 있습니다. 이 버스는 어느 쪽으로 움직이고 있을까요?

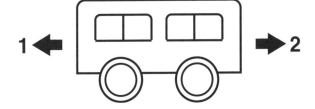

1

2

섬 연결

여러 개의 섬으로 이루어진 나라가 있습니다. 이곳에 다리를 지어 모든 섬을 연결하려고 합니다. 어떤 섬에 몇 개의 다리를 지을지는 섬에 쓰인 숫자에 따라 결정하게 됩니다. 아래 조건에 따라 모든 섬을 연결해보세요.

· 모든 다리는 가로 또는 세로 방향의 직선 모양입니다.
· 다리는 다른 다리나 섬 위를 가로지를 수 없습니다.
· 두 개의 섬 사이에는 1개 또는 2개의 다리만 지을 수 있습니다.

넘버큐브

다음 큐브에는 어떤 규칙이 있습니다. 물음표에 들어갈 알맞은 숫자를 찾아보세요.

3		1		0	0
0	5	6	3		2
	2	7	8	?	
	4			7	

업그레이드
미로

미로 속 길을 찾아주세요. 퀴즈를 풀면 힌트를 얻을 수 있습니다.

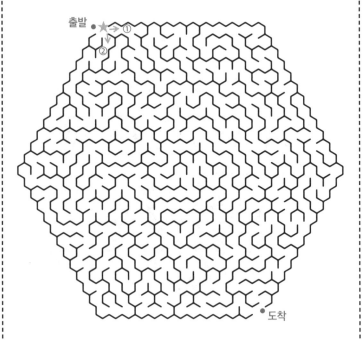

출발

도착

[Quiz] 다음 중 공의 순간 속도가 더 빠른 종목은 무엇일까요?

① 골프   ② 야구

아래 빈칸에 알맞은 방향의 화살표를 그려보세요! 중앙의 숫자들은 각 칸을 가리키는 화살표의 개수를 의미합니다.

<고를 수 있는 화살표의 종류>

← ↑ → ↓ ↖ ↗ ↘ ↙

	2	5	3	
	3	0	4	
	0	2	3	

칠교놀이

아래에 있는 일곱 개의 조각을 이용해 다음의 모양을 만들어보세요.

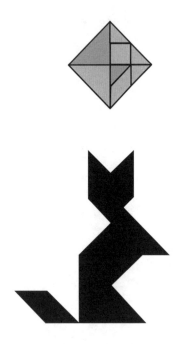

벽돌담에 숫자가 적혀 있습니다. 가로와 세로에는 하나의 숫자가 한 번씩만 들어가야 합니다. 또한 짝수와 홀수는 하나의 벽돌에 한 번씩만 들어갈 수 있습니다. 물음표를 대신할 알맞은 답을 찾아보세요.

한 칵테일 바에서 30세 남성이 사망했습니다. 그는 안토니라는 이름의 단골손님
으로 바에 도착해 즐겨 마시던 칵테일을 주문했습니다. 그리고 바텐더와 이야기
를 나누며 천천히 음료를 마시던 중 갑자기 숨을 거두었습니다. 경찰은 바텐더가
음료에 독을 탔다고 추리했으나 바텐더는 "나도 안토니와 같은 잔에 든 음료를 함
께 마셨다"며 화를 냈습니다. 바텐더는 어떤 과학적 방법을 이용해 알리바이를 만
들었을까요?

다음 표에 1~3의 숫자를 넣어보세요. 가로와 세로에는 같은 숫자가 한 번씩만 들어가야 합니다. 또한 ○표 속에는 반드시 숫자를 써야 하지만, ×표가 있는 칸에는 어떤 숫자도 쓸 수 없습니다.

1	○		✕		2
○		✕		1	
		2		○	○
	○		2		
2	✕	3	1		✕

다음은 여러 가지 광물들의 이름입니다. 초성을 보고 어떤 광물인지 맞춰보세요.

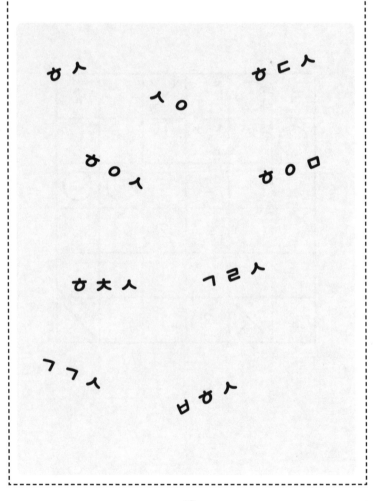

ㅎㅅ   ㅎㄷㅅ
     ㅅㅇ

ㅎㅇㅅ   ㅎㅇㅁ

ㅎㅊㅅ   ㄱㄹㅅ

ㄱㄱㅅ
         ㅂㅎㅅ

40

길을 찾아라

A에서 B까지 걸어가려고 합니다. 가장 짧은 거리를 거쳐서 이동하려고 할 때, 선택할 수 있는 길은 모두 몇 가지일까요? 단, 연못 위는 지나갈 수 없습니다.

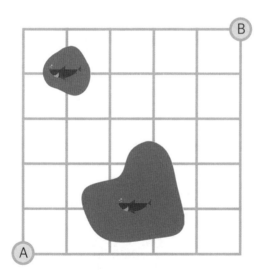

다음 빈칸에 들어갈 숫자를 모두 더하면 얼마가 될까요?

$$\square + \square + \square + \square + \square + \square + \square = ?$$

1기압에서 수은 기둥의 높이는 □□□미리미터입니다.

2017년 대한민국의 인구는 약 □□□□만 명입니다.

가로세로 퀴즈

다음 설명을 읽고 빈칸을 채워보세요.

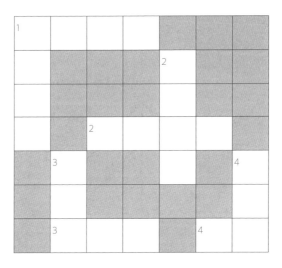

가로
1 핵무기나 원자력 발전 등에 사용되는 원소로, 명왕성에서 이름을 가져옴
2 필수○○○○은 인간의 몸에서 만들어지지 않으므로 꼭 음식을 통해 섭취해야 함
3 작용의 반대로 생겨나는 움직임
4 위산의 주요 성분으로, 염화수소를 물에 녹이면 이것이 됨

세로
1 열이나 압력을 가하면 모양이 쉽게 변하는 합성 고분자 물질로, 가볍고 저렴해 다양한 물건을 만들 때 사용되는 소재
2 우크라이나의 한 지역으로, 원전사고로 유명함
3 자석의 성질을 이용해 배나 항공기가 진로를 계산하는 데 쓰이던 도구
4 개미가 뿜어내는 산으로, 개미에게 물렸을 때 따끔하거나 부어오르는 원인이 됨

43

다음 그림에 삼각형이 모두 몇 개가 있는지 찾아보세요.

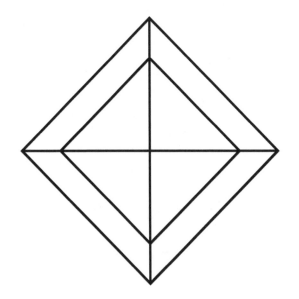

짝 맞추기

다음 그림 중 같은 것을 두 개씩 묶어 짝을 지을 때, 짝이 없는 것이 하나 있습니다. 어느 것일까요?

가　　나　　다　　라　　마

다음 물음표에 들어갈 알맞은 숫자를 찾아보세요.

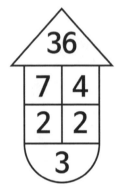

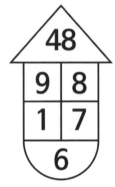

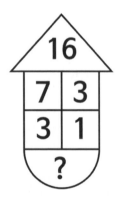

물 폭탄

우리나라의 기상청에서는 비가 6시간 동안 70밀리미터, 12시간 동안 110밀리미터 이상 내릴 것으로 보일 때 호우주의보를 발령합니다. 그렇다면 호우경보의 기준은 얼마일까요?

왕비의 의자

프랑스 황제였던 나폴레옹은 왕비를 위해 특별한 의자를 만들었다고 합니다. 계단을 오르내리지 않아도 궁전의 위층과 아래층을 이동할 수 있도록 밧줄을 연결한 의자였습니다. 의자의 구조가 다음 그림과 같다고 할 때, 왕비를 이동시키기 위해서는 얼마의 힘이 필요했을까요? (왕비의 몸무게는 52킬로그램, 의자의 무게는 2킬로그램이라고 가정합니다.)

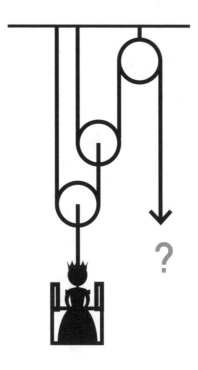

같은 숫자끼리 선으로 연결해주세요. 단, 선은 서로 교차할 수 없습니다.

			1	5
			2	
1		4	5	
2	3		3	4

순서
맞추기

아래 <보기>는 파장의 길이에 따른 빛의 종류입니다. 이를 참고해서 빈칸에 알맞은 이름을 넣어보세요. 하나의 이름은 가로와 세로에 한 번씩만 들어갑니다.

<보기>

전파 > 초단파 > 적외선 > 자외선 > 감마선

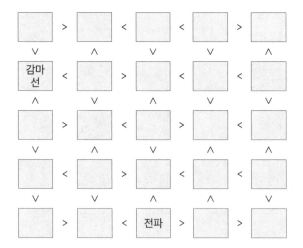

자물쇠 열기

보물 상자를 찾았습니다. 그런데 번호를 입력해야 하는 자물쇠가 걸려 있습니다. 다행히 비밀번호를 알려줄 힌트가 적혀 있는 쪽지를 가지고 있습니다. 쪽지에 적힌 문제를 모두 풀고 정답을 차례대로 나열하면 비밀번호가 된다고 합니다. 비밀번호를 찾아보세요.

1. 소화기에 들어 있는 물질의 이름은 무엇일까요?
① 산소 ② 이산화탄소

2. 전자레인지에 활용되는 전파의 종류는 무엇일까요?
① 음파 ② 마이크로파

3. 차가운 물을 뿜어내는 가습기에 활용되는 원리는 무엇일까요?
① 적외선 ② 초음파

전구를
켜라

두 가지 색 칸으로 나누어진 공간이 있습니다. 흰색 칸이 모두 밝아지도록 전구를 설치해보세요.

· 전구는 흰색 칸에만 설치할 수 있습니다.
· 흰색 칸 중에서는 어느 칸이든 상관없습니다.
· 단, 검은색 칸에 적힌 숫자만큼 검은색 칸과 맞닿아 있는 칸에 전구가 설치되어야 합니다.
· 아무런 숫자도 없는 검은색 칸 주변에는 전구를 원하는 만큼 놓을 수 있습니다.
· 전구는 사방을 향해 빛을 내뿜습니다.
· 단, 검은색 칸을 만나면 빛이 더 이상 앞으로 나아가지 못합니다.
· 전구 두 개가 서로를 마주보게 되면 빛이 너무 강해져 전구가 고장 납니다.

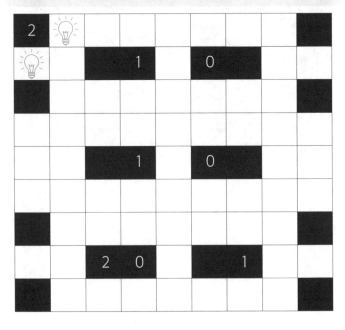

어디로 갈까

코끼리가 길을 가고 있습니다. 다음 질문의 답이 1번이면 왼쪽, 2번이면 오른쪽으로 이동해야 합니다. 코끼리의 목적지는 어디일까요?

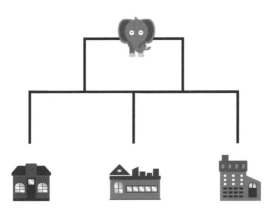

1. 운석과 일반 돌을 구별하는 방법으로 알맞은 것은 무엇일까요?
① 냄새를 확인한다. ② 자석에 붙는지 확인한다.

2. 1908년 시베리아에 운석이 떨어졌습니다. 이는 지금까지 확실히 알려진 것 중 가장 강력한 운석 충돌 사건으로 밝혀졌습니다. 이때 낙하한 운석의 크기는 얼마일까요?
① 지름 4미터 ② 지름 40미터

미로 찾기

미로 속 길을 찾아주세요. 퀴즈를 풀면 힌트를 얻을 수 있습니다.

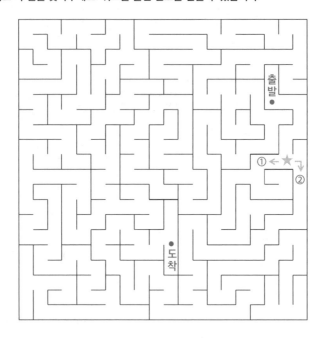

[Quiz] 모든 금속이 자석에 붙지는 않습니다. 금속의 일종인 알루미늄 역시 그렇습니다. 그렇다면 구리는 자석에 붙을까요?

① 그렇다   ② 아니다

숨은 글자 찾기

칸 속의 숫자는 자신과 그 주위의 아홉 개 칸 중 몇 개의 칸에 색이 칠해져야 하는
지를 알려줍니다. 규칙에 맞춰 알맞은 칸에 색을 칠해보세요. 숨겨져 있던 원소
기호가 드러나게 됩니다.

	4	4	4		1			0	
	5	4	5		2				0
4	5	4		5	3				
4	5	4		4			0		
4	5	4				2	3	3	2
3	3	1	3		4	3	4		3
3	3		3	3			7	7	5
4		3	4	3	5		5		3
3	4					5	7		4
2	3	3		1				3	

다음은 어떤 건물의 설계도를 간단히 표현한 모습입니다. 기둥이 들어가야 할 곳에는 ○, 빈 공간으로 남길 곳에는 ×를 표시하고 있습니다. 가로, 세로, 대각선을 기준으로 기둥이 네 번 연속 들어가면 건물 내부의 공간 효율성이 떨어지게 됩니다. 또한 가로, 세로, 대각선을 기준으로 빈 공간이 네 번 연속 등장하면 건물이 무게를 버티지 못하고 무너질 수 있습니다. 빈칸에 기둥과 빈 공간을 적절하게 배치해보세요.

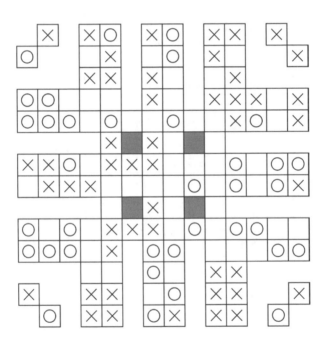

다음 두 그림에서 다른 곳 다섯 군데를 찾아보세요.

염화수소는 염소 원자(○)와 수소 원자(●)가 일대일로 만나 이루어집니다. 다음 그림에서 직선을 이용해 염소와 소수 원자를 하나씩 짝지어주세요. 단, 직선은 가로 또는 세로 방향으로만 그릴 수 있고, 다른 선이나 원자를 가로지를 수 없습니다.

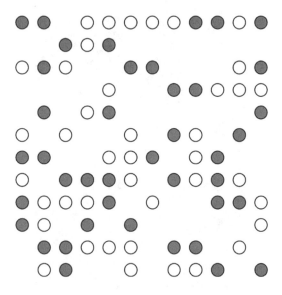

세탁기와 같은 가전제품에 응용되기도 하는 이론으로, 무질서 속의 질서를 찾는 이론이 있습니다. 20세기 과학의 3대 발견 중 하나로 꼽히는 이 이론의 이름은 무엇일까요? 아래 그림에 힌트가 있습니다.

숫자
넣기

다음 표에 1~3의 숫자를 넣어보세요. 가로와 세로에는 같은 숫자가 한 번씩만 들어가야 합니다. 또한 ○표 속에는 반드시 숫자를 써야 하지만, ×표가 있는 칸에는 어떤 숫자도 쓸 수 없습니다.

2		○	3		×
	○		○		
×		×			
1					○
	×	○	×	○	
×		○		3	1

폐쇄
회로

다음 그림은 어느 폐쇄 회로의 설계도입니다. 아래 조건에 맞춰 각 지점을 선으로 연결해보세요.

· 설계도에 있는 모든 저항(∽)과 코넥터(▥)는 전선으로 연결되어야 합니다.
· 전선의 시작점과 끝점은 만나야 하며, 선끼리 교차하거나 대각선으로 가로 질러서는 안 됩니다.
· 저항이 있는 칸을 만나면 바로 앞 혹은 바로 뒤의 칸에서 전선을 90도로 꺾 어야 합니다. (앞의 칸과 뒤의 칸 모두에서 동시에 구부러질 수도 있습니다.)
· 코넥터가 있는 칸에서는 전선을 반드시 90도로 꺾어야 합니다.

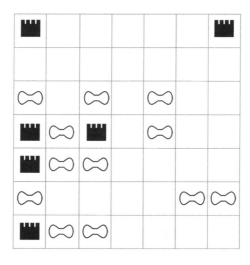

모두
더하기

다음 빈칸에 들어갈 숫자를 모두 더하면 얼마가 될까요?

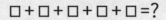

□ + □ + □ + □ + □ =?

피라미드의 면은 모두 □개입니다.

전 세계에서 발견된 게는 약 □□□□종입니다.

OX 퀴즈

다음 문장을 읽고 O 또는 X로 답해보세요.

우주의 대부분은 플라즈마로 채워져 있다.

O

X

집중력 테스트

아래 숫자를 순서대로 지워나가는 게임입니다. 전부 지우는 데 몇 초나 걸렸는지 시간을 재 나의 집중력을 테스트해보세요. 결과는 <정답과 풀이>에 있습니다.

<준비물>
연필, 초시계

7	22	29	15	42	10	27
13	41	8	33	37	48	2
16	34	20	40	44	18	45
36	3	24	1	30	47	14
23	19	12	35	43	32	9
11	26	5	49	38	21	46
4	25	31	28	17	6	39

뱀
게임

뱀이 숲 속을 지나가고 있습니다. 모든 흰색 칸을 한 번씩 거쳐서 원래의 자리로 돌아올 수 있도록 길을 찾아주세요. 검은색 칸은 가로지를 수 없습니다.

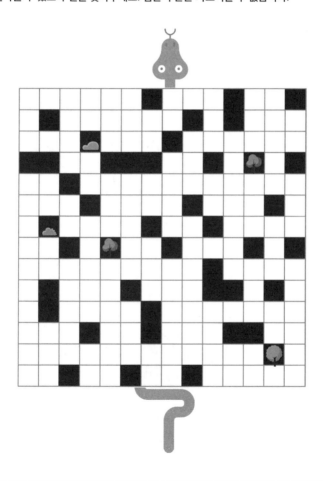

우물에서 물을 더 편하게 긷기 위해 두레박에 아래와 같은 장치를 연결했습니다.
한 번에 6킬로그램의 물을 길어 올린다고 할 때, 얼마의 힘이 필요할까요?

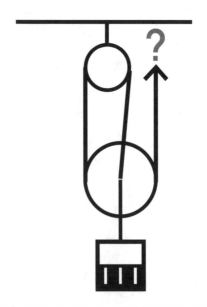

① 1   ② 2   ③ 3   ④ 6

66

벽돌담에 숫자가 적혀 있습니다. 가로와 세로에는 하나의 숫자가 한 번씩만 들어가야 합니다. 또한 짝수와 홀수는 하나의 벽돌에 한 번씩만 들어갈 수 있습니다. 물음표를 대신할 알맞은 답을 찾아보세요.

3	?	?	4	?	5
1	?	2	3	?	?
?	?	?	?	?	?
?	6	?	?	1	?
2	1	3	?	?	?
?	?	4	?	?	?

다음 그림에서 성냥개비 6개를 움직여 정확히 같은 모양의 조각이 6개가 되도록 만들어보세요.

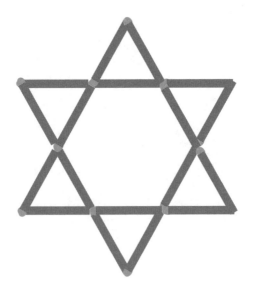

어느 마을에 수도관을 설치하고 있습니다. 각 점은 하나의 건물을 의미합니다. 모든 건물에는 수도가 연결되어야 하며, 하나의 건물에 수도관이 두 번 들어가서는 안 됩니다. 수도관이 서로 교차하지 않으면서 마을 전체의 수도관이 하나의 물길로 이어지도록 해보세요.

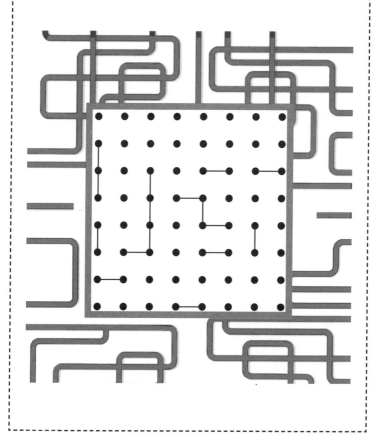

업그레이드
미로

미로 속 길을 찾아주세요. 퀴즈를 풀면 힌트를 얻을 수 있습니다.

출발

도착

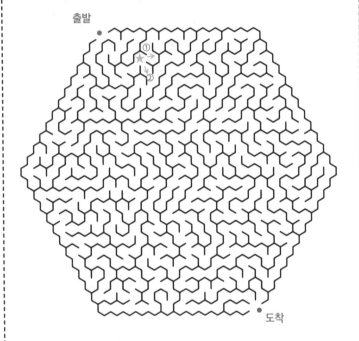

[Quiz] 극지방을 탐험할 때 얼음을 부수어 길을 만드는 데 사용되는 배
의 이름은 무엇일까요?

① 예인선   ② 쇄빙선

어디로
갈까

수탉이 길을 가고 있습니다. 다음 질문의 답이 1번이면 왼쪽, 2번이면 오른쪽으로 이동해야 합니다. 수탉의 목적지는 어디일까요?

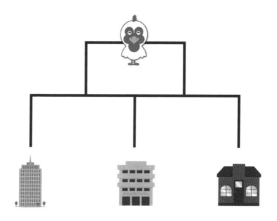

1. '이것'을 하면 심장박동수가 증가해 뇌세포의 성장이 촉진되고 학습 능력을 키우는 데 도움이 된다고 합니다. '이것'은 무엇일까요?
① 운동 ② 수면

2. 달리기는 건강에 좋은 운동이지만, 달리는 양을 급격히 늘리면 오히려 부상을 입을 수도 있습니다. 그렇다면 일주일에 늘릴 수 있는 달리기의 양은 얼마나 될까요?
① 자신이 달리던 양의 10퍼센트
② 자신이 달리던 양의 20퍼센트

화살표를 돌려라

아래 빈칸에 알맞은 방향의 화살표를 그려보세요! 중앙의 숫자들은 각 칸을 가리키는 화살표의 개수를 의미합니다.

<고를 수 있는 화살표의 종류>

	5	4	4	
	4	0	1	
	3	2	2	

다음은 가을의 대표적 별자리인 페가수스자리의 모습입니다. 신화 속 날개 달린 말 페가수스의 모습을 떠올리며 별과 별 사이에 나머지 선을 그어보세요.

방에 들어온 모기가 수면을 방해하고 있습니다. 모기를 한 곳으로 유인해 잡으려고 할 때 다음 중 도움이 되는 것은 무엇일까요?

① 주스   ② 커피   ③ 탄산음료

칠교놀이

아래에 있는 일곱 개의 조각을 이용해 다음의 모양을 만들어보세요.

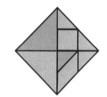

원자와 분자

염화수소는 염소 원자(○)와 수소 원자(●)가 일대일로 만나 이루어집니다. 다음 그림에서 직선을 이용해 염소와 소수 원자를 하나씩 짝지어주세요. 단, 직선은 가로 또는 세로 방향으로만 그릴 수 있고, 다른 선이나 원자를 가로지를 수 없습니다.

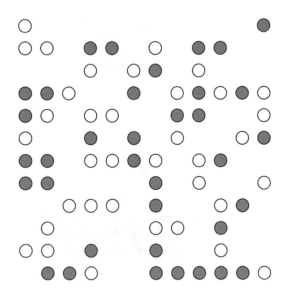

빈칸에 들어갈 숫자가 큰 순서대로 <보기>를 나열해보세요.

① 세계에서 가장 깊은 바다인 마리아나 해구는 깊이가 최고 (   ) 미터에
달합니다.
② 세계에서 가장 높은 산인 에베레스트는 높이가 최고 (   ) 미터에 달합
니다.
③ 세계에서 가장 넓은 대륙인 아시아 대륙은 넓이가 약 (   ) 킬로미터제
곱에 달합니다.

숫자
넣기

다음 표에 1~3의 숫자를 넣어보세요. 가로와 세로에는 같은 숫자가 한 번씩만 들어가야 합니다. 또한 ○표 속에는 반드시 숫자를 써야 하지만, ×표가 있는 칸에는 어떤 숫자도 쓸 수 없습니다.

✕	1		✕		2
○		○		2	
		✕		✕	✕
	✕		3		
	○		○		3
○		○		✕	

78

다음 그림 중 같은 것을 두 개씩 묶어 짝을 지을 때, 짝이 없는 것이 하나 있습니다. 어느 것일까요?

가   나   다   라   마

A에서 B까지 걸어가려고 합니다. 가장 짧은 거리를 거쳐서 이동하려고 할 때, 선택할 수 있는 길은 모두 몇 가지일까요? 단, 밀림 지역은 지나갈 수 없습니다.

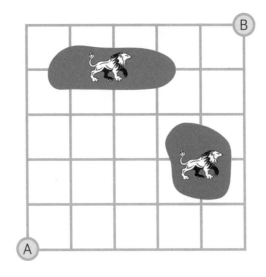

기둥의
위치

다음은 어떤 건물의 설계도를 간단히 표현한 모습입니다. 기둥이 들어가야 할 곳에는 ○, 빈 공간으로 남길 곳에는 ×를 표시하고 있습니다. 가로, 세로, 대각선을 기준으로 기둥이 네 번 연속 들어가면 건물 내부의 공간 효율성이 떨어지게 됩니다. 또한 가로, 세로, 대각선을 기준으로 빈 공간이 네 번 연속 등장하면 건물이 무게를 버티지 못하고 무너질 수 있습니다. 빈칸에 기둥과 빈 공간을 적절하게 배치해보세요.

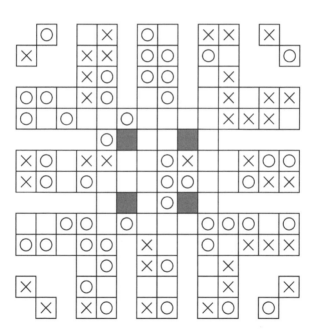

다음 설명을 읽고 빈칸을 채워보세요.

		1				4
					3	
1	2					
					5	
3						
2						
			4			

가로
1 두 개의 접시를 이용해 물체의 무게를 재는 데 사용하는 도구
2 잎이 넓은 나무를 부르는 말
3 모든 별과 그 사이의 공간을 포함하는 공간
4 아주 작은 구멍이 나 있는 종이로, 여과지라고도 부름

세로
1 우리나라는 동경 135도의 지방평균시를 ○○○로 사용하고 있으며, 우리나라의 ○○○
  는 일본의 ○○○와 같음
2 세탁기 등을 설치할 때, 만약 누전이 되어도 감전사고가 일어나지 않도록 하는 예방 조치
3 폐가 공기를 빨아들이고 뱉어내는 양으로, 유산소운동을 통해 늘릴 수 있음
4 기생 생물은 ○○에 붙어서 영양분을 흡수함
5 백신을 몸속에 투여하는 일로, 전염병을 예방할 수 있음

自물쇠
열기

보물 상자를 찾았습니다. 그런데 번호를 입력해야 하는 자물쇠가 걸려 있습니다. 다행히 비밀번호를 알려줄 힌트가 적혀 있는 쪽지를 가지고 있습니다. 쪽지에 적힌 문제를 모두 풀고 정답을 차례대로 나열하면 비밀번호가 된다고 합니다. 비밀번호를 찾아보세요.

1. 스케이트의 날을 날카롭게 유지하는 이유와 관련 있는 것은 무엇일까요?
① 마찰 ② 부력

2. 열대야의 기준이 되는 밤 중 최저 기온은 무엇일까요?
① 27도 ② 25도

3. 다음 중 생물이 아닌 것은 무엇일까요?
① 세균 ② 바이러스

섬 연결

여러 개의 섬으로 이루어진 나라가 있습니다. 이곳에 다리를 지어 모든 섬을 연결하려고 합니다. 어떤 섬에 몇 개의 다리를 지을지는 섬에 쓰인 숫자에 따라 결정하게 됩니다. 아래 조건에 따라 모든 섬을 연결해보세요.

· 모든 다리는 가로 또는 세로 방향의 직선 모양입니다.
· 다리는 다른 다리나 섬 위를 가로지를 수 없습니다.
· 두 개의 섬 사이에는 1개 또는 2개의 다리만 지을 수 있습니다.

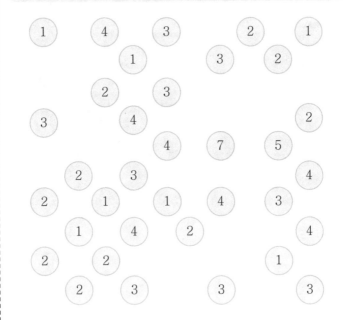

뱀이 숲 속을 지나가고 있습니다. 모든 흰색 칸을 한 번씩 거쳐서 원래의 자리로 돌아올 수 있도록 길을 찾아주세요. 검은색 칸은 가로지를 수 없습니다.

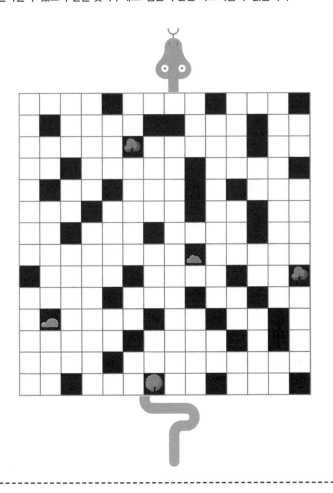

다음은 우주 탐사에 관한 단어들입니다. 초성을 보고 어떤 단어인지 맞춰보세요.

ㅇㅍㄹ

ㅇㅅㅌㄹ

ㅇㄹㅂ

ㄴㄹㅎ

ㅁㄱㅎ

ㅂㅅㅌㅋ

ㅋㄹㅂㅇ

ㄴㄹㅇㅈㅅㅌ

ㅅㅍㅌㄴㅋ

86

짝을 찾아라

같은 숫자끼리 선으로 연결해주세요. 단, 선은 서로 교차할 수 없습니다.

1			1	2			
		7	6	5		5	
		9					
		8		4	3		
				6			
			7				
	9		8			4	2
							3

공항
가는 길

그림과 같은 도시가 있습니다. 도로의 가운데만을 따라서 공항까지 이동하려면
몇 미터를 가야할까요?

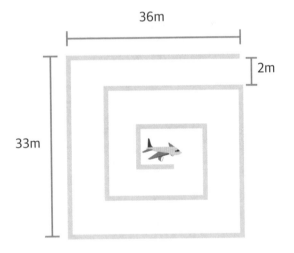

88

어느 마을에 수도관을 설치하고 있습니다. 각 점은 하나의 건물을 의미합니다. 모든 건물에는 수도가 연결되어야 하며, 하나의 건물에 수도관이 두 번 들어가서는 안 됩니다. 수도관이 서로 교차하지 않으면서 마을 전체의 수도관이 하나의 물길로 이어지도록 해보세요.

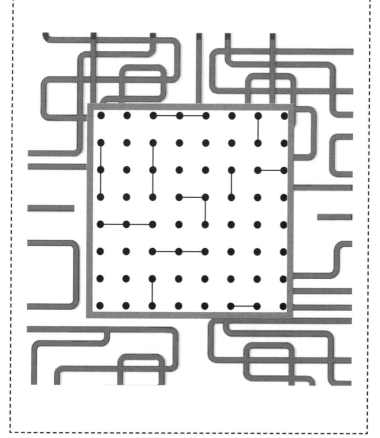

미로 찾기

미로 속 길을 찾아주세요. 퀴즈를 풀면 힌트를 얻을 수 있습니다.

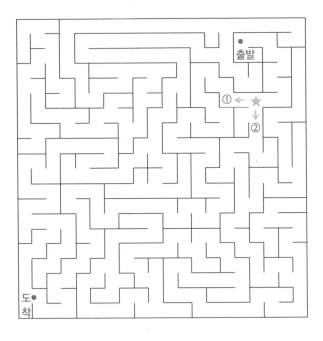

[Quiz] 다음 문장의 빈칸에 들어갈 알맞은 말을 골라보세요. '빨간색, 파란색, 초록색은 □의 삼원색이다.'

① 빛   ② 색

화살표를 돌려라

아래 빈칸에 알맞은 방향의 화살표를 그려보세요! 중앙의 숫자들은 각 칸을 가리키는 화살표의 개수를 의미합니다.

<고를 수 있는 화살표의 종류>

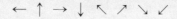

	1	4	1	
	4	1	3	
	4	5	1	

벽돌담에 숫자가 적혀 있습니다. 가로와 세로에는 하나의 숫자가 한 번씩만 들어가야 합니다. 또한 짝수와 홀수는 하나의 벽돌에 한 번씩만 들어갈 수 있습니다. 물음표를 대신할 알맞은 답을 찾아보세요.

?	?	?	4	5	?
?	?	?	2	?	3
?	2	?	?	?	?
?	?	2	5	?	?
?	5	?	1	?	?
1	?	?	?	?	5

삼각형
만들기

아홉 개의 직선을 그려 최대한 많은 삼각형을 만들고 싶습니다. 겹치는 삼각형은 1개로 인정할 때, 총 몇 개의 삼각형을 만들 수 있을까요?

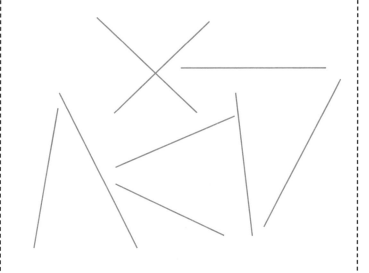

뱀
게임

뱀이 숲 속을 지나가고 있습니다. 모든 흰색 칸을 한 번씩 거쳐서 원래의 자리로 돌아올 수 있도록 길을 찾아주세요. 검은색 칸은 가로지를 수 없습니다.

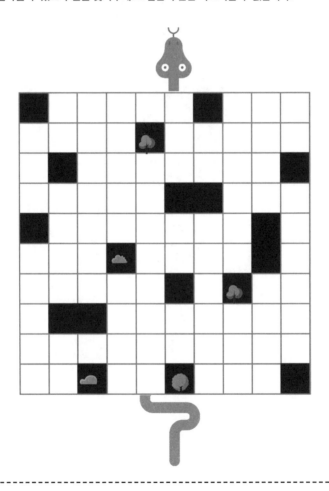

수도
공사

어느 마을에 수도관을 설치하고 있습니다. 각 점은 하나의 건물을 의미합니다. 모든 건물에는 수도가 연결되어야 하며, 하나의 건물에 수도관이 두 번 들어가서는 안 됩니다. 수도관이 서로 교차하지 않으면서 마을 전체의 수도관이 하나의 물길로 이어지도록 해보세요.

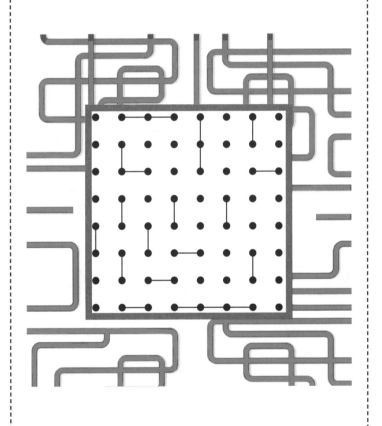

두 가지 색 칸으로 나누어진 공간이 있습니다. 흰색 칸이 모두 밝아지도록 전구를
설치해보세요.

· 전구는 흰색 칸에만 설치할 수 있습니다.
· 흰색 칸 중에서는 어느 칸이든 상관없습니다.
· 단, 검은색 칸에 적힌 숫자만큼 검은색 칸과 맞닿아 있는 칸에 전구가 설치
되어야 합니다.
· 아무런 숫자도 없는 검은색 칸 주변에는 전구를 원하는 만큼 놓을 수 있습니다.
· 전구는 사방을 향해 빛을 내뿜습니다.
· 단, 검은색 칸을 만나면 빛이 더 이상 앞으로 나아가지 못합니다.
· 전구 두 개가 서로를 마주보게 되면 빛이 너무 강해져 전구가 고장 납니다.

어디로
갈까

고양이가 길을 가고 있습니다. 다음 질문의 답이 1번이면 왼쪽, 2번이면 오른쪽으로 이동해야 합니다. 고양이의 목적지는 어디일까요?

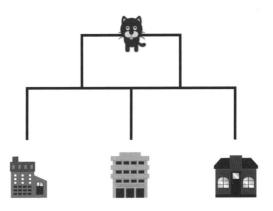

1. 한국 최초의 장기이식수술이 실행된 해는 몇 년도일까요?
① 1959년 ② 1969년

2. 장기이식수술에서 문제가 되는 거부반응에 핵심적인 역할을 하는 세포는 무엇일까요?
① 백혈구 ② 적혈구

다음 그림과 같이 스스로 줄을 당겨 올라가야 하는 엘리베이터가 있습니다. 몸무게가 60킬로그램인 사람이 탔을 때, 위로 올라가려면 얼마의 힘이 필요할까요

칸 속의 숫자는 자신과 그 주위의 아홉 개 칸 중 몇 개의 칸에 색이 칠해져야 하는
지를 알려줍니다. 규칙에 맞춰 알맞은 칸에 색을 칠해보세요. 숨겨져 있던 원소
기호가 드러나게 됩니다.

3	5	5	3	1	0				
4	6		5		1	0		0	
4	5	4		4		0			
4			6	5	4		1	1	1
				4		2		2	2
4		3		4	6		5		2
2	2		2		5	4			1
1	1			1		4	4	1	0
	0		0		3		3		0
					2	2	2		

수소폭탄의 폭발력을 표시하는 단위로, TNT 100만 톤에 해당하는 에너지를 뜻하는 말은 무엇일까요? (힌트: 갈색 아이스크림 이름)

별자리
그리기

다음은 겨울의 대표적 별자리인 오리온자리의 모습입니다. 신화 속 거인 사냥꾼 오리온의 모습을 떠올리며 별과 별 사이에 나머지 선을 그어보세요.

집중력 테스트

아래 숫자를 순서대로 지워나가는 게임입니다. 전부 지우는 데 몇 초나 걸렸는지 시간을 재 나의 집중력을 테스트해보세요. 결과는 <정답과 풀이>에 있습니다.

<준비물>
연필, 초시계

11	7	서른여덟	스물 일곱	19	서른셋	22
26	마흔셋	16	스물다섯	49	1	41
4	35	40	44	여섯	열넷	42
13	스물하나	32	10	열여덟	48	37
셋	열일곱	스물	24	서른	서른넷	아홉
36	2	31	28	다섯	23	47
8	29	15	마흔 여섯	서른아홉	열둘	마흔다 섯

자물쇠 열기

보물 상자를 찾았습니다. 그런데 번호를 입력해야 하는 자물쇠가 걸려 있습니다. 다행히 비밀번호를 알려줄 힌트가 적혀 있는 쪽지를 가지고 있습니다. 쪽지에 적힌 문제를 모두 풀고 정답을 차례대로 나열하면 비밀번호가 된다고 합니다. 비밀번호를 찾아보세요.

1. 다음 중 파라핀과 관련이 없는 물질은 무엇일까요?
① 크레용 ② 비누

2. 다음 중 전기가 통하는 물질은 무엇일까요?
① 클립 ② 유리병

3. 다음 중 염기성인 물질은 무엇일까요?
① 베이킹파우더 ② 식초

추의
무게

두 개의 추가 있습니다. 하나는 다른 하나보다 10만 킬로그램만큼 더 무겁습니다.
두 개의 무게를 합한 것이 11만 킬로그램일 때, 두 추의 무게는 각각 얼마일까요?
문제를 읽고 10초 내에 답을 찾아보세요.

다음 설명을 읽고 빈칸을 채워보세요.

	1			4		
1						
		2				
					3	
3					5	

가로
1 전구 등을 '한 줄로' 연결하는 방법
2 지진과 화산이 자주 일어나는 지역으로, 태평양을 둘러싼 원 모양임
3 석탄, 석유, 천연가스 등을 일컫는 말
4 생물의 한 종류로, 어미가 새끼에게 젖을 먹인다는 특징이 있음
5 안구의 뒤쪽에 위치한 신경세포층

세로
1 전구 등을 '나란히' 연결하는 방법
2 물질이 불에 탈 때 산소나 온도가 부족해 그을음 등이 생성되는 일
3 잠수함이 물속에 들어가서도 물 밖의 상황을 볼 수 있도록 해주는 장치

다음 물음표에 들어갈 알맞은 숫자를 찾아보세요.

6   6   3
?

2   28   12
26

5   30   7
13

9   27   1
4

다음은 정사각형을 가지고 만든 퍼즐 조각입니다. 1개의 정사각형으로 만들어진 것은 모노미노, 2개의 정사각형으로 만들어진 것은 도미노, 3개의 정사각형으로 만들어진 것은 트로미노라고 부릅니다. 그럼 5개의 정사각형으로 만들어진 펜토미노는 모두 몇 가지 형태가 있을까요?

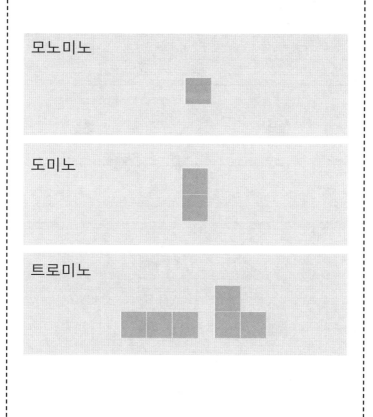

모노미노

도미노

트로미노

다음 그림은 어느 폐쇄 회로의 설계도입니다. 아래 조건에 맞춰 각 지점을 선으로 연결해보세요.

· 설계도에 있는 모든 저항(∞)과 코넥터(▄)는 전선으로 연결되어야 합니다.
· 전선의 시작점과 끝점은 만나야 하며, 선끼리 교차하거나 대각선으로 가로 질러서는 안 됩니다.
· 저항이 있는 칸을 만나면 바로 앞 혹은 바로 뒤의 칸에서 전선을 90도로 꺾 어야 합니다. (앞의 칸과 뒤의 칸 모두에서 동시에 구부러질 수도 있습니다.)
· 코넥터가 있는 칸에서는 전선을 반드시 90도로 꺾어야 합니다.

다음 보기를 숫자가 큰 순서대로 늘어놓아보세요.

① A4 용지 짧은 면의 길이
② CD 지름의 길이
③ 한국의 '시' 개수(특별시와 광역시 포함)
④ 서울의 '구' 개수

미로 속 길을 찾아주세요. 퀴즈를 풀면 힌트를 얻을 수 있습니다.

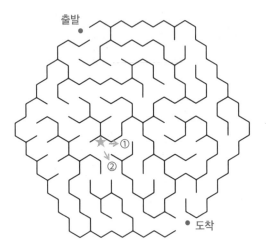

출발

①

②

도착

[Quiz] 현재 인류의 조상이라 할 수 있는 '호모 사피엔스'는 어떤 뜻을
가지고 있을까요?

① 곧게 선 사람　　　　　　　② 슬기로운 사람

뱀 게임

뱀이 숲 속을 지나가고 있습니다. 모든 흰색 칸을 한 번씩 거쳐서 원래의 자리로 돌아올 수 있도록 길을 찾아주세요. 검은색 칸은 가로지를 수 없습니다.

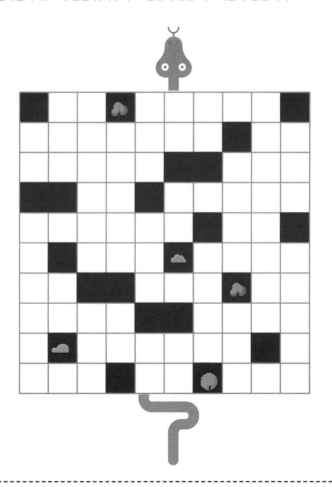

섬 연결

여러 개의 섬으로 이루어진 나라가 있습니다. 이곳에 다리를 지어 모든 섬을 연결하려고 합니다. 어떤 섬에 몇 개의 다리를 지을지는 섬에 쓰인 숫자에 따라 결정하게 됩니다. 아래 조건에 따라 모든 섬을 연결해보세요.

· 모든 다리는 가로 또는 세로 방향의 직선 모양입니다.
· 다리는 다른 다리나 섬 위를 가로지를 수 없습니다.
· 두 개의 섬 사이에는 1개 또는 2개의 다리만 지을 수 있습니다.

조각
맞추기

한 장의 사진이 여러 조각으로 나누어져 있습니다. 사진에 찍힌 물체는 무엇일까요?

※ 그림을 오리면 문제를 쉽게 풀 수 있습니다.
책의 마지막에 '오려 만들기' 페이지가 있습니다.

짝 맞추기

다음 그림 중 같은 것을 두 개씩 묶어 짝을 지을 때, 짝이 없는 것이 하나 있습니다. 어느 것일까요?

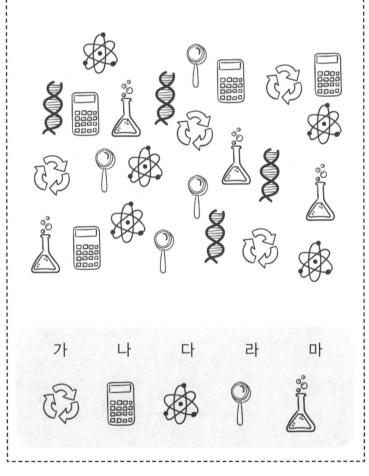

가　　나　　다　　라　　마

다음은 어떤 건물의 설계도를 간단히 표현한 모습입니다. 기둥이 들어가야 할 곳에는 ○, 빈 공간으로 남길 곳에는 ×를 표시하고 있습니다. 가로, 세로, 대각선을 기준으로 기둥이 네 번 연속 들어가면 건물 내부의 공간 효율성이 떨어지게 됩니다. 또한 가로, 세로, 대각선을 기준으로 빈 공간이 네 번 연속 등장하면 건물이 무게를 버티지 못하고 무너질 수 있습니다. 빈칸에 기둥과 빈 공간을 적절하게 배치해보세요.

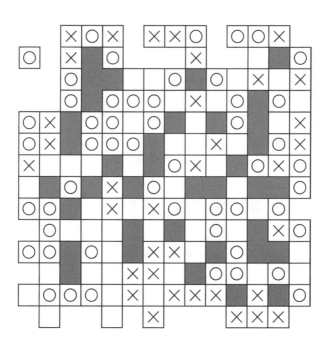

칠교놀이

아래에 있는 일곱 개의 조각을 이용해 다음의 모양을 만들어보세요.

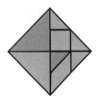

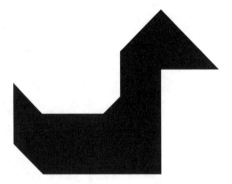

A에서 B까지 걸어가려고 합니다. 가장 짧은 거리를 거쳐서 이동하려고 할 때, 선택할 수 있는 길은 모두 몇 가지일까요? 단, 공사 중인 지역은 지나갈 수 없습니다.

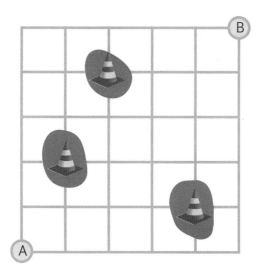

짝을
찾아라

같은 숫자끼리 선으로 연결해주세요. 단, 선은 서로 교차할 수 없습니다.

	1						5
	2					6	
				7		4	
			4			5	
		6	1	8			
	2					8	
				7			
3							3

다음 두 그림에서 다른 곳 다섯 군데를 찾아보세요.

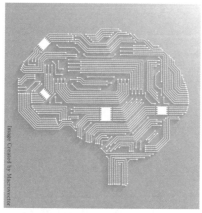

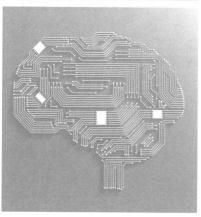

원자와
분자

염화수소는 염소 원자(○)와 수소 원자(●)가 일대일로 만나 이루어집니다. 다음 그림에서 직선을 이용해 염소와 소수 원자를 하나씩 짝지어주세요. 단, 직선은 가로 또는 세로 방향으로만 그릴 수 있고, 다른 선이나 원자를 가로지를 수 없습니다.

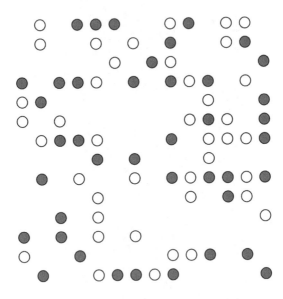

성냥개비 더하기

다음 그림에서 성냥개비 2개를 추가해 정사각형이 9개가 되도록 만들어보세요.

벽돌 쌓기

벽돌담에 숫자가 적혀 있습니다. 가로와 세로에는 하나의 숫자가 한 번씩만 들어가야 합니다. 또한 짝수와 홀수는 하나의 벽돌에 한 번씩만 들어갈 수 있습니다. 물음표를 대신할 알맞은 답을 찾아보세요.

6	?	?	?	2	?
?	2	?	?	3	?
?	?	3	?	?	?
?	3	?	?	4	?
?	?	?	6	1	2
?	?	?	1	?	?

다음 그림에 삼각형이 모두 몇 개가 있는지 찾아보세요.

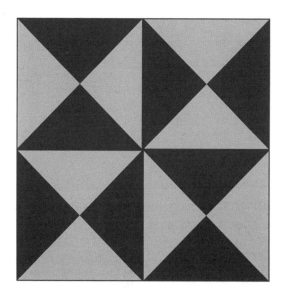

초성퀴즈

다음은 여러 가지 자연 현상의 이름입니다. 초성을 보고 어떤 현상인지 맞춰보세요.

ㅌㅍ

ㅎㅅ

ㅎㅅ

ㅈㅈ

ㄱㅁ

ㅅㄹ

ㅇㅂ

ㅌㄴㅇㄷ

ㅎㅇ

124

다음 도형 중 규칙을 따르지 않고 있는 것을 찾아 바르게 고쳐보세요.

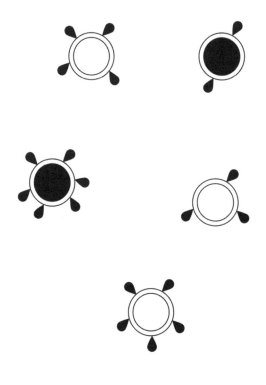

다음 그림은 어느 폐쇄 회로의 설계도입니다. 아래 조건에 맞춰 각 지점을 선으로 연결해보세요.

· 설계도에 있는 모든 저항(∞)과 코넥터(▥)는 전선으로 연결되어야 합니다.
· 전선의 시작점과 끝점은 만나야 하며, 선끼리 교차하거나 대각선으로 가로 질러서는 안 됩니다.
· 저항이 있는 칸을 만나면 바로 앞 혹은 바로 뒤의 칸에서 전선을 90도로 꺾어야 합니다. (앞의 칸과 뒤의 칸 모두에서 동시에 구부러질 수도 있습니다.)
· 코넥터가 있는 칸에서는 전선을 반드시 90도로 꺾어야 합니다.

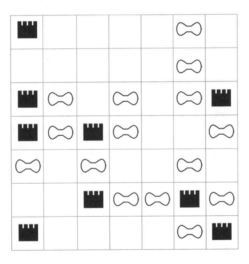

화살표를 돌려라

아래 빈칸에 알맞은 방향의 화살표를 그려보세요! 중앙의 숫자들은 각 칸을 가리키는 화살표의 개수를 의미합니다.

<고를 수 있는 화살표의 종류>

	2	6	2	
	3	2	3	
	3	5	1	

모두 더하기

다음 빈칸에 들어갈 숫자를 모두 더하면 얼마가 될까요?

□ + □ + □ + □ + □ + □ + □ = ?

절대영도는 섭씨 -□□□.15도입니다.

지구에서 맨눈으로 볼 수 있는 별은 약 □□□□개입니다.

뱀 게임

뱀이 숲 속을 지나가고 있습니다. 모든 흰색 칸을 한 번씩 거쳐서 원래의 자리로 돌아올 수 있도록 길을 찾아주세요. 검은색 칸은 가로지를 수 없습니다.

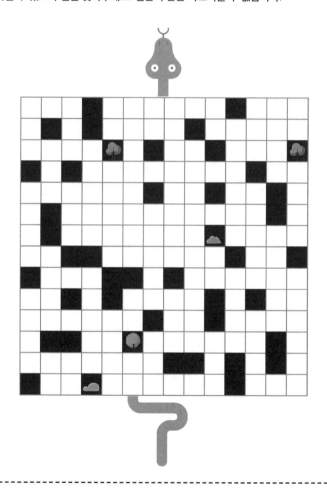

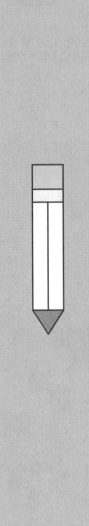

정답과
풀이

★ 10쪽 정답

정답 그대로

풀이 물과 얼음의 특징 때문에
수위는 변하지 않습니다.
얼음이 녹아 물이 되면서 부피가
줄어드는데, 그 양이 그릇 밖으로
나와 있던 얼음의 부피와 같기
때문입니다.

★ 11쪽 정답

★ 12쪽 정답

정답 ② 금성

풀이 새벽에 밝게 빛나는 별인
금성은 다양한 이름으로 불립니다.
영어로는 비너스(Venus)라고 하죠.

★ 13쪽 정답

정답 런던형 스모그

★ 14쪽 정답

정답 2 1 2

★ 15쪽 정답

정답

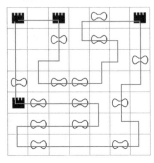

★ 16쪽 정답

정답 나

풀이 1번에 ②, 2번에 ①이므로
'나'입니다.

★ 17쪽 정답

정답 4번과 5번 물통이 동시에
가장 먼저 가득 찹니다.
풀이 수도꼭지에서 나오는 물보다
관을 통해 흘러가는 물의 양이
많기 때문입니다.

★ 18쪽 정답

★ 21쪽 정답

★ 19쪽 정답

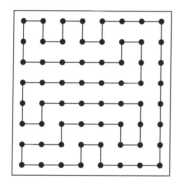

★ 22쪽 정답

★ 20쪽 정답

정답 ③ 85

풀이 이 도르래는 물체를 끌어당기는 데 필요한 힘을 물체 무게의 2분의 1로 줄여줍니다. 그러므로 답은 $(120+50) \times (1/2) = 85$입니다.

★ 23쪽 정답

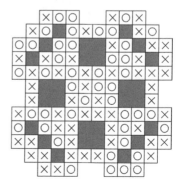

★ 24쪽 정답

정답 Mg(마그네슘)

풀이

4	5		4	5					
	7	6			5		0		0
	6	5		6				3	2
3		2	2	4	3			5	
2	2	0		2		5			5
1	1				1		3	6	
	0		0			1		5	4
				0		1			3
		0			0		3	6	
0			0			2		5	3

★ 25쪽 정답

★ 26쪽 정답

1~40초 → 내가 집중왕!

41~70초 → 뛰어난 실력입니다!

71~100초 → 열심히 하셨군요!

101초 이상 → 다시 도전해보세요!

★ 27쪽 정답

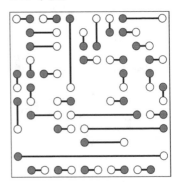

★ 28쪽 정답

★ 29쪽 정답

정답 손과 발

★ 30쪽 정답

정답 ③ 사건의 지평선

★ 31쪽 정답

정답 정답 1번

풀이 버스의 출입문이 보이지 않는다는 점을 통해 버스의

운전석이 그림의 왼쪽에 있다는 사실을 알 수 있습니다. 그러므로 버스는 1번 방향으로 움직입니다.

★ 32쪽 정답

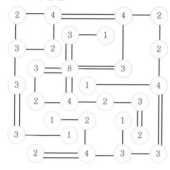

★ 33쪽 정답
정답 5
풀이 대각선 방향을 따라 아래로 내려오면서 숫자가 2씩 커집니다.

★ 34쪽 정답
정답 ① 골프
풀이 골프는 시속 290킬로미터, 야구는 시속 180킬로미터를 기록한 바 있습니다. 보통 공의 크기가 작을수록 순간 속도가 빠르게 나옵니다. 공이 작아야 공기 저항을 줄일 수 있기 때문입니다.

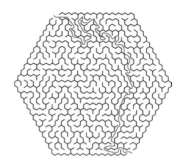

★ 35쪽 정답

	↘	↘	↗	
↘	2	5	3	←
↗	3	0	4	↙
↗	0	2	3	↘
	↗	↗	↑	

★ 36쪽 정답

★ 37쪽 정답

3	4	1	2
1	2	4	3
4	3	2	1
2	1	3	4

★ 38쪽 정답

정답 독은 얼음 속에 있었습니다.
바텐더는 얼음이 녹기 전 칵테일을
마셨기 때문에 독을 피할 수
있었습니다.

★ 39쪽 정답

1	③		✕		2
③	2	✕		1	
		2		③	①
	①		2		3
			1	3	2
2	✕	3	1		✕

★ 40쪽 정답

정답
ㅎㄷㅅ → 황동석
ㅅㅇ → 석영

ㅎㅊㅅ → 황철석
ㅎㅇㅁ → 흑운모
ㅎㅇㅅ → 흑요석
ㄱㄹㅅ → 감람석
ㅂㅎㅅ → 방해석
ㄱㄱㅅ → 금강석
ㅎㅅ → 활석

★ 41쪽 정답

정답 77가지

★ 42쪽 정답

정답 정답 31
풀이 1기압에서 수은 기둥의
높이는 760미리미터입니다.
2017년 대한민국의 인구는 약
5175만 명입니다.
그러므로 답은
7+6+0+5+1+7+5=31입니다.

★ 43쪽 정답

플	루	토	늄			
라				체		
스				르		
틱		아	미	노	산	
	나			빌		개
	침					미
	반	작	용		염	산

★ 44쪽 정답

정답 16

풀이 작은 삼각형이 모여 큰 삼각형을 이루기도 합니다.

★ 45쪽 정답

정답 라

★ 46쪽 정답

정답 1

풀이

$3 \times (2+2) \times (7-4) = 36$

$6 \times (1+7) \times (9-8) = 48$

$1 \times (3+1) \times (7-3) = 16$

★ 47쪽 정답

정답 6시간 동안 110밀리미터, 12시간 동안 180밀리미터

★ 48쪽 정답

정답 ② 13.5

풀이 이 도르래는 물체를 끌어당기는 데 필요한 힘을 물체 무게의 4분의 1로 줄여줍니다. 그러므로 답은 $(52+2) \times (1/4) = 13.5$입니다.

★ 49쪽 정답

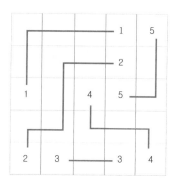

★ 50쪽 정답

★ 51쪽 정답

정답 2 2 2

★ 58쪽 정답

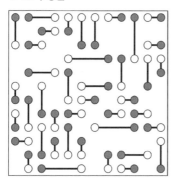

★ 61쪽 정답

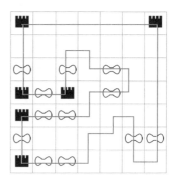

★ 59쪽 정답

정답 카오스 이론

풀이 힌트는 카카오, 오리,
스키입니다.

★ 60쪽 정답

2		①	3		✕
3	①		②		
✕	3	✕	1	2	
1	2				③
	✕	③	✕	①	2
✕		②		3	1

★ 62쪽 정답

정답 10

풀이 피라미드의 면은 모두
5개입니다.
전 세계에서 발견된 게는 약
5000종입니다.
그러므로 답은
5+5+0+0+0=10입니다.

★ 63쪽 정답

정답 O

★ 64쪽 정답

1~50초 → 내가 집중왕!
51~80초 → 뛰어난 실력입니다!
81~110초 → 열심히 하셨군요!
111초 이상 → 다시 도전해보세요!

★ 65쪽 정답

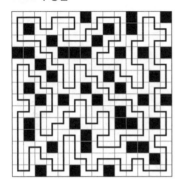

★ 66쪽 정답

정답 ② 2
풀이 이 도르래는 물체를
끌어당기는 데 필요한 힘을 물체
무게의 3분의 1로 줄여줍니다.
그러므로 답은 6×(1/3)=2입니다.

★ 67쪽 정답

★ 68쪽 정답

★ 69쪽 정답

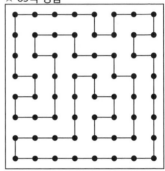

★ 70쪽 정답

정답 ② 쇄빙선
풀이 예인선은 다른 배나 물체를
끄는 데 사용됩니다.

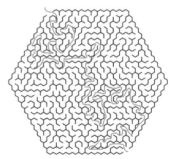

★ 71쪽 정답

정답 가
풀이 1번에 ①, 2번에 ①이므로
'가'입니다.

★ 72쪽 정답

	↓	↘	↙	
→	5	4	4	←
↗	4	0	1	↘
→	3	2	2	↘
	↑	↗	↘	

★ 73쪽 정답

★ 74쪽 정답

정답 ③탄산음료
풀이 모기는 사람이 숨 쉴 때
내뿜는 이산화탄소를 따라서
움직입니다. 그러므로 탄산음료의
뚜껑을 열어놓으면 병에서 나오는
이산화탄소로 모기를 유인할 수
있습니다.

★ 75쪽 정답

★ 76쪽 정답

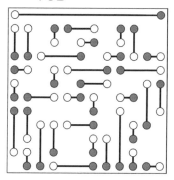

★ 77쪽 정답

정답 ①-②-③
풀이 ① 세계에서 가장 깊은
바다인 마리아나 해구는 깊이가
최고 (1만 1034) 미터에 달합니다.
② 세계에서 가장 높은 산인
에베레스트는 높이가 최고 (8천
848) 미터에 달합니다.
③ 세계에서 가장 넓은 대륙인
아시아 대륙은 넓이가 약 (4천
457만 9천) 킬로미터제곱에
달합니다.

★ 78쪽 정답

✕	1			✕	3	2
③			①		2	
1	3	✕	2		✕	✕
	✕		2	3	1	
		②		①		3
②			③		✕	1

★ 79쪽 정답

정답 마

★ 80쪽 정답

정답 67가지

★ 81쪽 정답

★ 82쪽 정답

		표				숙
		준			우	주
윗	접	시	저	울		
	지				예	
폐					방	
활	엽	수			접	
량			거	름	종	이

★ 83쪽 정답

정답 1 2 2

★ 84쪽 정답

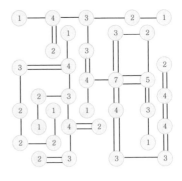

★ 85쪽 정답

★ 86쪽 정답

정답

ㅇㅍㄹ → 아폴로(달 착륙을 했던 미국의 아폴로 11호)

ㅂㅅㅌㅋ → 보스토크(최초의 유인 우주선인 소련의 보스토크 1호)

ㄴㄹㅎ → 나로호(한국 최초의 우주발사체)

ㅅㅍㅌㄴㅋ → 스푸트니크(최초의 인공위성)

ㅇㄹㅂ → 우리별(한국 최초의 인공위성)

ㅇㅅㅌㄹ → 암스트롱(최초로 달에 발을 내딛은 사람)

ㄴㄹㅇㅈㅅㅌ → 나로우주센터(한국 최초의 우주센터)

ㅁㄱㅎ → 무궁화(한국의 통신방송위성)

ㅋㄹㅂㅇ → 칼럼비아(최초의 유인 우주 왕복선)

★ 87쪽 정답

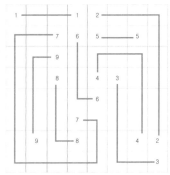

★ 88쪽 정답

정답 271미터

풀이 가운데만을 걸을 수 있으니 꺾어지는 부분을 기준으로 다음과 같이 걷게 됩니다. 35+31+34+29+32 +27+30+25+28=271미터

★ 89쪽 정답

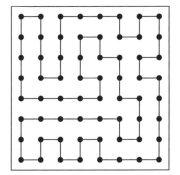

★ 90쪽 정답

정답 ① 빛

풀이 **빨간색**과 **파란색**과 **초록색** 빛을 이용하면 다른 색의 빛을 만들어낼 수 있습니다. 이 세 가지 색의 빛을 모두 섞으면 흰색 빛이 됩니다.

★ 92쪽 정답

2	6	3	4	5	1
6	1	5	2	4	3
5	2	1	6	3	4
4	3	2	5	1	6
3	5	4	1	6	2
1	4	6	3	2	5

★ 93쪽 정답

★ 91쪽 정답

	↘	↓	↙	
↘	1	4	1	↙
↘	4	1	3	↖
→	4	5	1	↖
	↑	↖	↖	

★ 94쪽 정답

★ 95쪽 정답

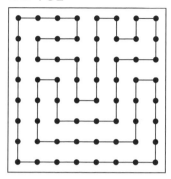

★ 96쪽 정답

			💡	1	1	💡		
	0			■		💡		
		💡	■				2	💡
	1			0				
	■			0			■	
		💡						
💡	■	4	💡					
	💡			■	1	💡	2	💡
				0			💡	

★ 97쪽 정답
정답 나
풀이 1번에 ②, 2번에 ①이므로
'나'입니다.

★ 98쪽 정답
정답 20
풀이 이 도르래는 물체를
끌어당기는 데 필요한 힘을 물체

무게의 3분의 1로 줄여줍니다.
그러므로 답은 60×(1/3)=20입니다.

★ 99쪽 정답
정답 Ar(아르곤)

3	5	5	3	1	0				
4	6		5		1	0		0	
4	5	4		4		0			
4			6	5	4		1	1	1
				4		2		2	2
4		3		4	6		5		2
2	2		2		5	4			1
1	1			1		4	4	1	0
	0		0		3		3		0
					2	2	2		

★ 100쪽 정답
정답 메가톤

★ 101쪽 정답

★ 102쪽 정답

1~50초 → 내가 집중왕!

51~80초 → 뛰어난 실력입니다!

81~110초 → 열심히 하셨군요!

111초 이상 → 다시 도전해보세요!

★ 103쪽 정답

정답 2 1 1

★ 104쪽 정답

정답 10만 5천과 5천

풀이 105000+5000=110000 /

105000-5000=100000

★ 105쪽 정답

	병			포	유	류
직	렬					
		불	의	고	리	
		완				
		전			잠	
화	석	연	료		망	막
		소			경	

★ 106쪽 정답

정답 4

풀이

9×(4-1)=27

5×(13-7)=30

2×(26-12)=28

6×(4-3)=6

★ 107쪽 정답

정답 12가지

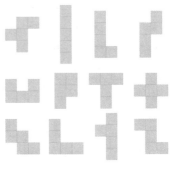

★ 108쪽 정답

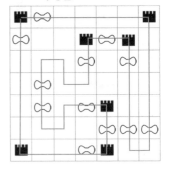

★ 109쪽 정답

정답 ③ - ④ - ① - ②

풀이

① A4 용지 짧은 면의 길이 =

21센티미터
② CD 지름의 길이 = 12센티미터
③ 한국의 '시' 개수(특별시와
광역시 포함) = 84개
④ 서울의 '구' 개수 = 25개

★ 110쪽 정답

정답 ② 슬기로운 사람
풀이 곧게 선 사람이라는 뜻의 원시
인류는 '호모 에렉투스'입니다.

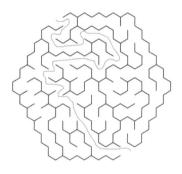

★ 111쪽 정답

★ 112쪽 정답

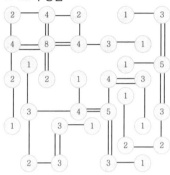

★ 113쪽 정답

★ 114쪽 정답

정답 다

★ 115쪽 정답

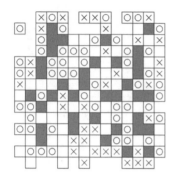

★ 119쪽 정답

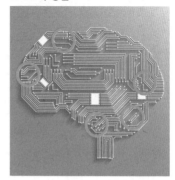

★ 116쪽 정답

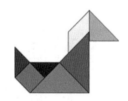

★ 120쪽 정답

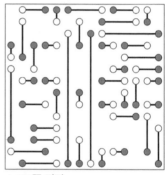

★ 117쪽 정답

정답 98가지

★ 118쪽 정답

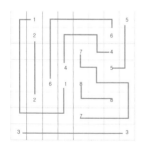

★ 121쪽 정답

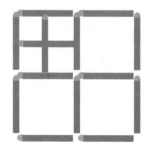

★ 122쪽 정답

6	1	4	3	2	5
5	2	1	4	3	6
1	6	3	2	5	4
2	3	6	5	4	1
3	4	5	6	1	2
4	5	2	1	6	3

★ 123쪽 정답

정답 44

풀이 작은 삼각형이 모여 큰 삼각형을 이루기도 합니다.

★ 124쪽 정답

정답

ㅌ ㅍ → 태풍

ㅎ ㅅ → 화산

ㅎ ㅅ → 홍수

ㅈ ㅈ → 지진

ㄱ ㅁ → 가뭄

ㅅ ㄹ → 서리

ㅌ ㄴ ㅇ ㄷ → 토네이도

ㅇ ㅂ → 우박

ㅎ ㅇ → 해일

★ 125쪽 정답

정답

풀이 풀이 중심에 있는 원의 색은 주변에 있는 작은 점의 개수에 따라 달라집니다. 작은 점이 홀수 개일 때는 중심이 흰색, 짝수 개일 때는 검은색입니다.

★ 126쪽 정답

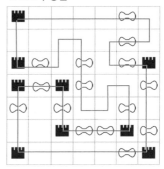

★ 127쪽 정답

	↘	↓	↙	
→	2	6	2	↙
↘	3	2	3	↖
→	3	5	1	↖
	↑	↑	↖	

정답 18

풀이 절대영도는 섭씨
-273.15도입니다.
지구에서 맨눈으로 볼 수 있는
별은 약 6000개입니다.
그러므로 답은
2+7+3+6+0+0+0=18입니다.

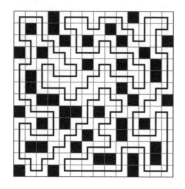

오려
만들기